BEM...

© 2021 do texto por Jutta Treiber
© 2021 das ilustrações por Susanne Eisermann

Publicado originalmente por Tyrolia-Verlag, Innsbruck-Vienna, Áustria.
Traduzido da primeira publicação em alemão intitulada *Na ja*.

Todos os direitos de edição em língua portuguesa foram adquiridos por Callis Editora Ltda.
1ª edição, 2022

Texto adequado às regras do novo Acordo Ortográfico da Língua Portuguesa

Coordenação editorial e revisão: Ricardo N. Barreiros
Tradução: Hedi Gnädinger
Diagramação: Thiago Nieri

Dados Internacionais de Catalogação na Publicação (CIP)
Angélica Ilacqua CRB-8/7057

Treiber, Jutta

    Bem... / Jutta Treiber ; tradução de Hedi Gnädinger ; ilustrações de Susanne Eisermann. - São Paulo : Callis, 2022.

    36 p. : il., color.

    ISBN 978-65-5596-093-8
    Título original: *Na ja*

    1. Literatura infantojuvenil I. Título II. Gnädinger, Hedi III. Eisermann, Susanne

22-2690	CDD: 028.5

Índices para catálogo sistemático:
1. Literatura infantojuvenil 028.5

ISBN 978-65-5596-093-8

Impresso no Brasil

2022
Callis Editora Ltda.
Rua Oscar Freire, 379, 6º andar • 01426-001 • São Paulo • SP
Tel.: (11) 3068-5600 • Fax: (11) 3088-3133
www.callis.com.br • vendas@callis.com.br

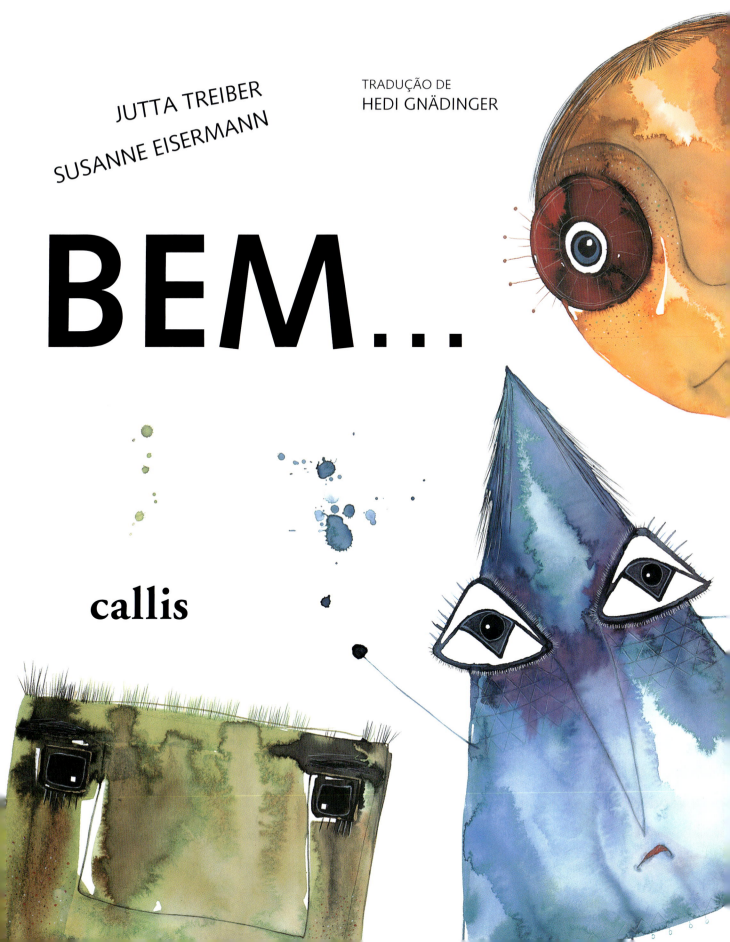

EU SOU MUITO PONTUDO,

DIZ O TRIÂNGULO.

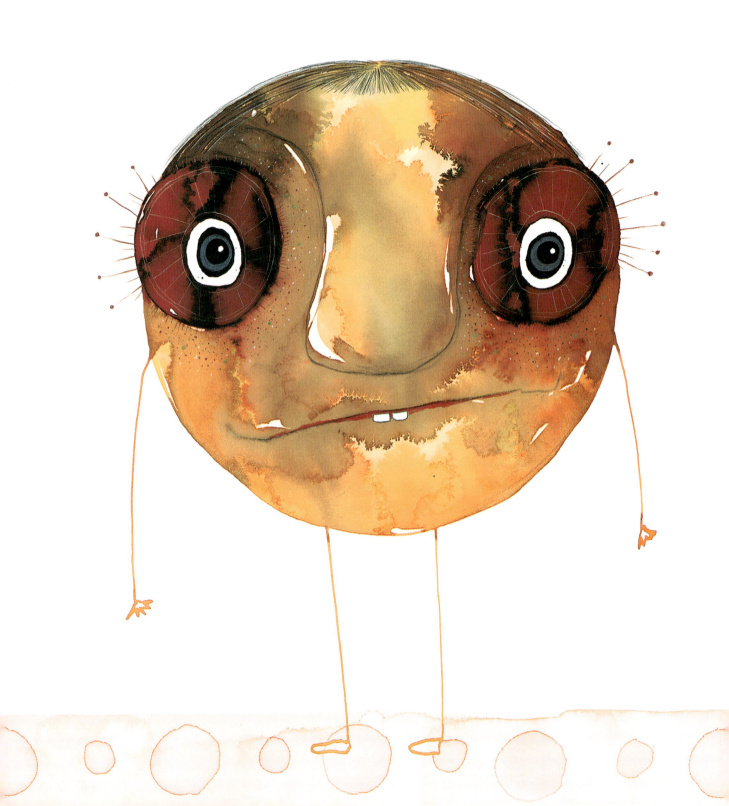

EU SOU MUITO REDONDO,

DIZ O CÍRCULO.

EU SOU MUITO RETO,

DIZ O QUADRADO.

NÃO TEM PROBLEMA,

DIZ O DOUTOR FIGURA.

ASPIRAMOS UM POUCO ALI!

PRONTO...

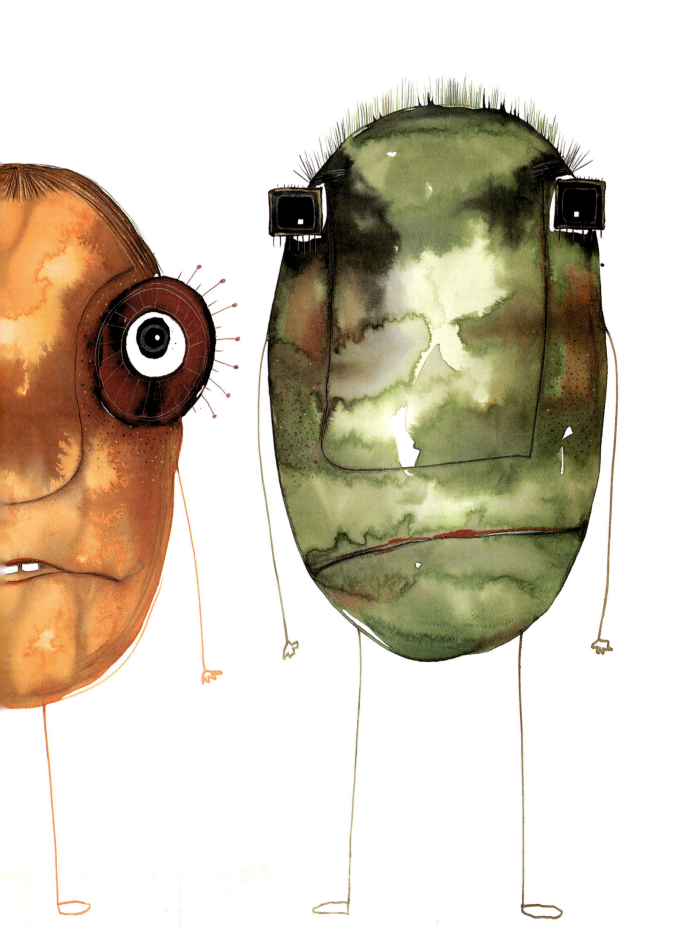

BEM...

DIZ O TRIÂNGULO.

BEM...

DIZ O CÍRCULO.

BEM...

DIZ O QUADRADO.

TALVEZ UM POUCO

OVAL DEMAIS...

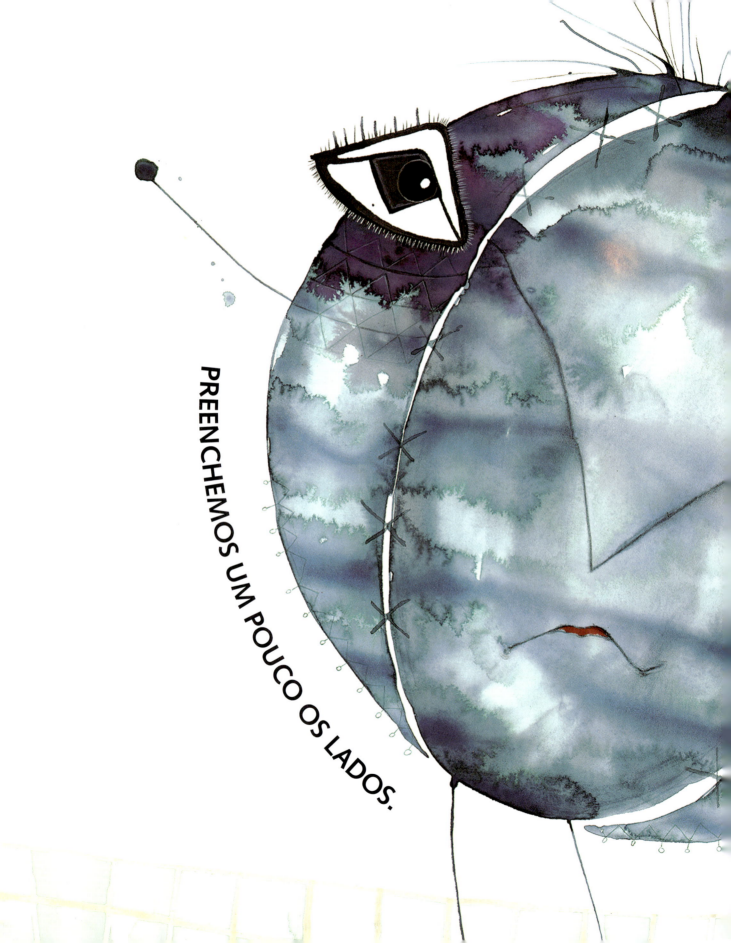

CORTAMOS UM PEDAÇO DE CIMA.

E... PRONTO!

EU QUERO SER PONTUDO DE NOVO,
DIZ O TRÍRCULO.

EU QUERO SER REDONDO DE NOVO,

DIZ O CIRDRADO.

EU QUERO SER QUADRADO DE NOVO,

DIZ O QUÂNGULO.

AGORA, NÃO DÁ MAIS PARA MUDAR, DIZ O DOUTOR FIGURA.

SINTO MUITO.

FIM

JUTTA TREIBER NASCEU EM 1949. ELA É UMA DAS MAIS CONHECIDAS AUTORAS DE LIVROS INFANTIS DA ÁUSTRIA. DURANTE 15 ANOS, LECIONOU ALEMÃO, INGLÊS E EDUCAÇÃO FÍSICA. DESDE 1988 ELA TRABALHA COMO AUTORA INDEPENDENTE, ESCREVENDO PARA DIFERENTES FAIXAS ETÁRIAS. JUTTA TREIBER RECEBEU VÁRIOS PRÊMIOS, INCLUSIVE PELA SUA OBRA COMPLETA EM LITERATURA INFANTOJUVENIL.

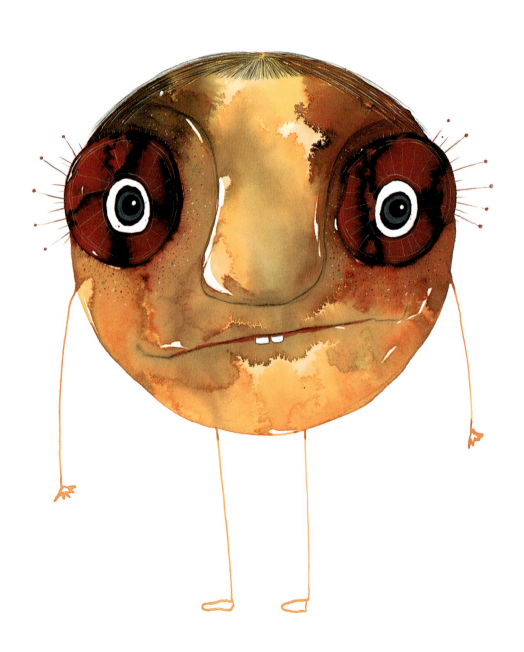

SUSANNE EISERMANN NASCEU EM 1971. ELA ESTUDOU DESIGN GRÁFICO NA FACULDADE DE CIÊNCIAS E ARTES DE HILDESHEIM, NA ALEMANHA. DESDE 2000 ELA TRABALHA COMO ILUSTRADORA E ARTISTA PLÁSTICA INDEPENDENTE.

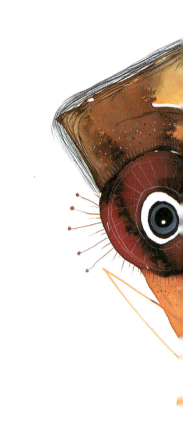

ESTE LIVRO FOI IMPRESSO, EM PRIMEIRA EDIÇÃO,
EM SETEMBRO DE 2022, EM COUCHÉ 150 G/M^2,
COM CAPA EM CARTÃO 250 G/M^2.